柏林赋格曲

[意] 玛丽萨·韦斯蒂塔 绘

U0351314

中国画报出版社 · 北京

的氛围而变有生气。

——钟阳·麦尔——

柏林真的好大，好大，好大。

如果你认为你了解柏林，

那现在的它似乎比以前要大得多！

——奥托·罗伊特

我总有一只手提箱在柏林。 ——玛琳·黛德丽

壁垒的开启并不仅仅是为了再次关闭。 ——艾哈德·克拉克

柏林是一个让我离不开的地方，我曾一次又一次地回到这里。

——君特·格拉斯

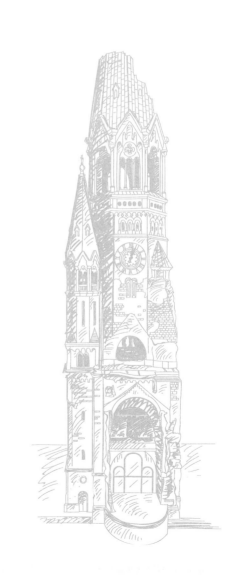

柏林是一座很棒的城市。

我住在那里的时候，

整体氛围就像是在上演一部间谍大片。

在柏林，

人们知道如何处理事情。

在音乐上也更胜一筹。

——伊基·波普

改变历史的从来都不是政治家或某些大人物，

而是一些小人物。

我是说，

要问是谁推倒了柏林墙，

应该说是柏林街上的所有民众。

那些专家之前对此还全然不知。

——吕克·贝松

柏林正在举行一场人们所能想象的最大型的文化盛会。

——大卫·鲍伊

要想访问柏林，

就必须能够发现这里已不复存在的东西，

并能够理解现实的欺骗性。

这里发生的事件正是历史脸上的伤疤，

能够持续唤起人们的记忆。

在柏林，

没有什么比你一直想要试图抹去的东西更明显。

——约翰·伯恩哈德·梅里安

我和朋友们都希望，

这座伟大而又活力四射的城市所提供的智慧、

勇气以及斑驳的记忆将会持续下去，

实际上这些也正是这座城市最具革命性的特点。

——贝尔托特·布莱希特

与其说柏林是一座城市，不如说它是世界的一部分。 ——让·保罗

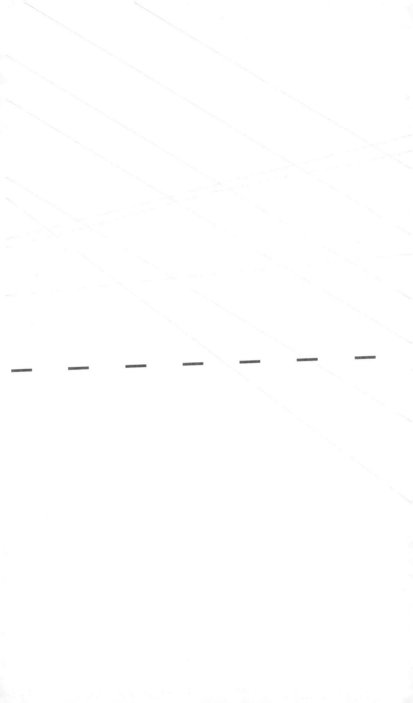

所有自由的人，无论身在何处，都是柏林的公民。

因此，作为一个自由的人，我以"我是柏林人"这几个字为傲。

——约翰·菲茨杰拉德·肯尼迪

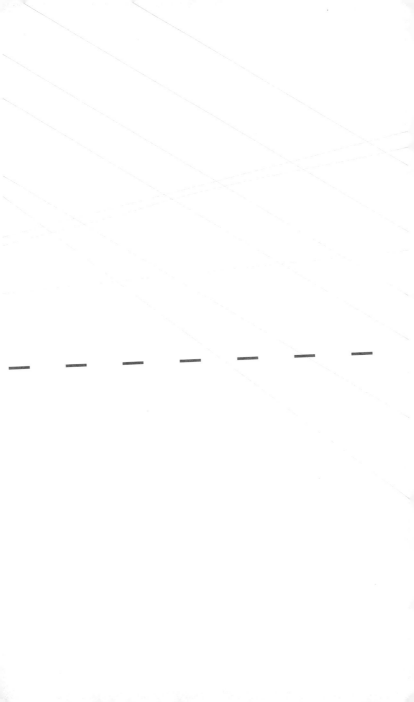

柏林比现实更强大，

因为它是一座充满智慧的城市，

一座理论丰富的城市，

一座化学家和技师云集的城市，

一座蕴育天才规划师的城市，

一座富有人工营养的城市，

一座不完全受书籍影响的城市。

柏林是一座实用主义之城。

——斯特凡·格罗斯曼

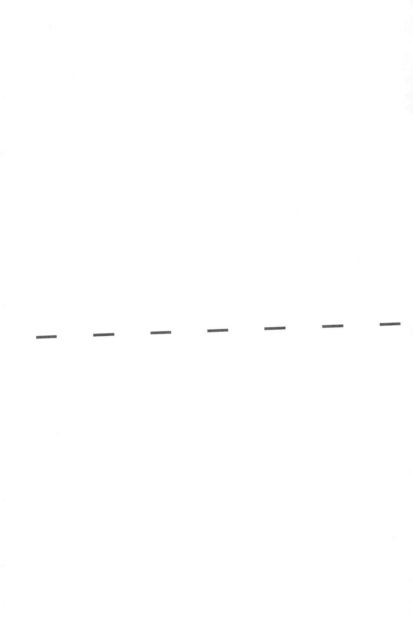

柏林的夜生活，

哎呀，

这样的场面在全世界都难找到！

有些事情正在这里发生，

我的朋友！

——克劳斯·曼

与其他城市相比，

柏林更受青睐是有原因的：

因为它在不断演变。

今日所欠缺的，

他日定会得到改善。

——贝尔托特·布莱希特

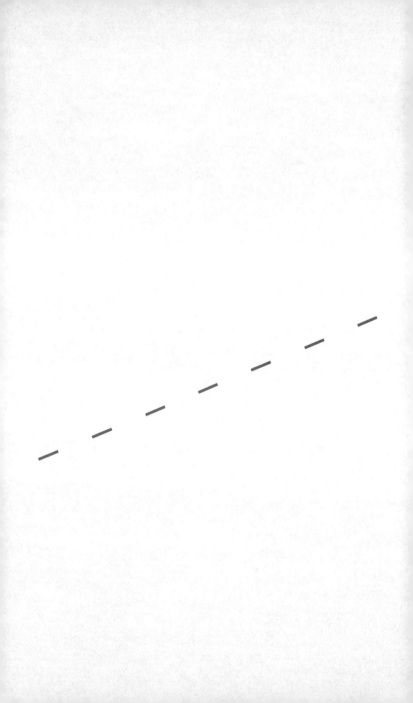

我曾经去过柏林，

对其印象深刻。

在那里，

我第一次感受到了大都市的韵律、

欢乐与激荡。

——格哈特·霍普特曼

柏林将纽约的文化气息、东京的交通系统

雅图的自然风光，以及自身的历史宝藏都融为一体。

——本村藤原浩

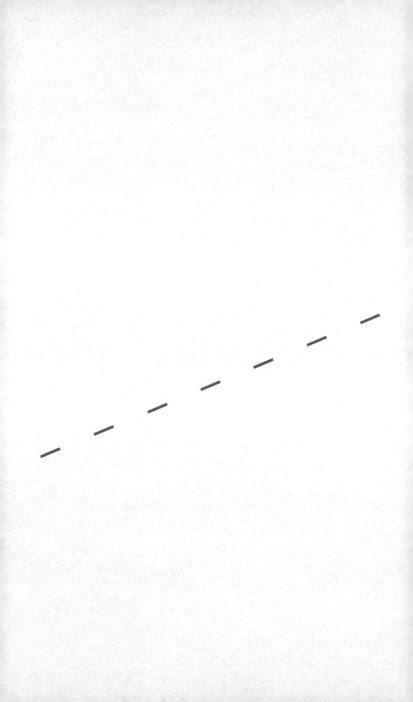

这座城市一直在寻找，却不知道自己在寻找什么。是它本身，是将来，还是……性却似乎是它未来的希望，因为一直以来，是富有创造性的动荡时期促使……

来的地位？尽管这一切难以确定，但这种不确定
市得以发展。

—— 沃尔夫·约布斯特·席德勒

柏林是二十世纪最典型的城市。

——阿伦·布洛克

这是一座崭新的城市，

是我所见过的最新的城市。

与之相比，

芝加哥似乎更有历史感一些。

——马克·吐温

菩提树大街可谓是漫步的天堂。

中午时分尤为有趣，

这里会出现优雅的人：

有些男士穿着多达十二件色彩缤纷的马甲，

女士们身上散发出神秘的香气。

是的，

在这里你可以欣赏到德国那些有着天鹅美颈的最美女性。

在这里，

你也可以欣赏各种新颖款式的帽子。

如果你想吃最好的甜点就去泰克曼品尝，

体验之后你只会责备他们黄油放得太多。

——海因里希·海涅

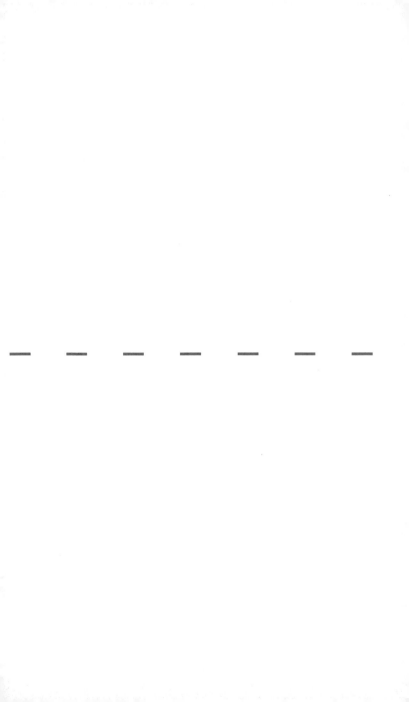

在世界所有城市中，

这座城市拥有自由的梦想……

全世界人民，

请看柏林。

在这里，

一面高墙倒塌，

一个大洲凝聚一心，

历史证明，

全世界只要戮力同心，

就能所向披靡。

———巴拉克·奥巴马

在柏林的咖啡馆和餐厅里，

高峰期从午夜一直持续到凌晨三点。

然而，

经常光顾这些地方的人大多七点就又起床了。

柏林人要么已经解决了现代生活的大问题

——如何只工作不睡觉，

要么他们就必须与卡莱尔一起期待永生。

——杰罗姆·克拉普卡·杰罗姆

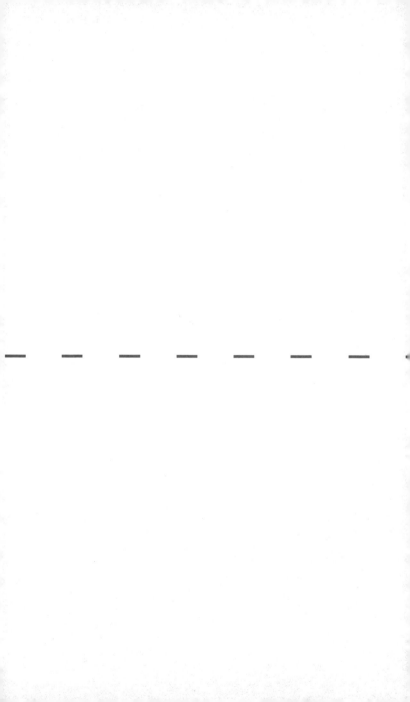

维基·鲍姆（Vicki Baum）

吕克·贝松（Luc Besson）

贝尔托特·布莱希特（Bertolt Brecht）

阿伦·布洛克（Alan Bullock）

大卫·鲍伊（David Bowie）

玛琳·黛德丽（Marlene Dietrich）

君特·格拉斯（Günter Grass）

斯特凡·格罗斯曼（Stefan Grossmann）

格哈特·霍普特曼（Gerhart Hauptmann）

海因里希·海涅（Heinrich Heine）

让·保罗〔Jean Paul，即约翰·保罗·弗里德里希·里克特
（Johann Paul Friedrich Richter）〕

杰罗姆·克拉普卡·杰罗姆（Jerome Klapka Jerome）

约翰·菲茨杰拉德·肯尼迪（John Fiztgerald Kennedy）

艾哈德·克拉克（Erhard Krack）

克劳斯·曼（Klaus Mann）

约翰·伯恩哈德·梅里安（Johann Bernhard Merian）

本村藤原浩（Hiroshi Motomura）

巴拉克·奥巴马（Barack Obama）

奥托·罗伊特（Otto Reutter）

沃尔夫·约布斯特·席德勒（Wolf Jobst Siedler）

马克·吐温（Mark Twain）

1888—1960，美国作家，编剧，新闻记者

1959—　　　，法国电影导演，编剧，制片人

1898—1956，德国剧作家，诗人，戏剧导演

1914—2004，英国历史学家

1947—2016，英国摇滚歌手，作曲家，演员

1901—1992，德国演员，歌唱家

1927—2015，德国作家，剧作家，绘图艺术家

1875—1935，奥地利作家，新闻记者

1862—1946，德国戏剧艺术，小说家

1797—1856，德国诗人

1763—1825，德国作家，教育学家

1859—1927，英国幽默主义作家

1917—1963，美国政治家，美国第 35 任总统

1931—2000，德国政治家

1906—1949，德国作家

1723—1807，瑞士哲学家

1953—　　　，美国移民法学者

1961—　　　，美国政治家，美国第 44 任总统

1870—1931，德国歌唱家，作曲家

1926—2013，德国出版商，作家

1835—1910，美国幽默主义作家

图书在版编目（CIP）数据

　　柏林赋格曲 / (意) 玛丽萨·韦斯蒂塔绘；孟瑞琳译. -- 北京：中国画报出版社, 2019.5
　　书名原文：Travel Journey Sketchbook:Berlin
　　ISBN 978-7-5146-1434-3

　　Ⅰ.①柏… Ⅱ.①玛…②孟… Ⅲ.①本册
Ⅳ.①TS951.5

　　中国版本图书馆CIP数据核字(2019)第049202号

北京市版权局著作权合同登记号：图字01-2019-0568

柏林赋格曲

[意] 玛丽萨·韦斯蒂塔　绘　　　孟瑞琳　译

出 版 人：于九涛
策划编辑：赵清清
责任编辑：齐丽华　赵清清
装帧设计：一十创制
责任印制：焦　洋

出版发行：中国画报出版社
地　　址：中国北京市海淀区车公庄西路33号 邮编：100048
发 行 部：010-68469781　010-68414683（传真）
总编室兼传真：010-88417359　版权部：010-88417359

开　　本：32开（787mm×1092mm）
印　　张：4
字　　数：10千字
版　　次：2019年5月第1版　2019年5月第1次印刷
印　　刷：北京汇瑞嘉合文化发展有限公司
书　　号：ISBN 978-7-5146-1434-3
定　　价：38.00元